DEUTSCHE AKADEMIE DER WISSENSCHAFTEN ZU BERLIN
Institut für deutsche Sprache und Literatur

WÖRTERBUCH DER DEUTSCHEN TIERNAMEN

herausgegeben von
Wilhelm Wissmann

BEIHEFT 1

KÄFER

von Wolfgang Pfeifer

AKADEMIE-VERLAG · BERLIN
1963

Erschienen im Akademie-Verlag GmbH, Berlin W 8, Leipziger Straße 3—4

Lizenznummer: 202 · 100/71/63
Gesamtherstellung: Druckhaus „Maxim Gorki", Altenburg
Bestell-Nr.: 3044/B 1 · ES 7 D/18 G 3 · Preis: DM 5,60

Das deutsche Wort *Käfer* gehört nach Ausweis der Quellen seit den ersten sprachlichen Aufzeichnungen zum Bestand des deutschen Wortschatzes. Den frühesten Beleg liefert eine Glossensammlung des 9. Jhs., und von da an bleibt es ein geläufiges, zahlreich bezeugtes Wort der Glossenliteratur.

Die Belege begegnen in ahd. und mhd. Zeit teils in einer stark flektierten Form *chevar*, *kever*, teils in einer schwach flektierten Form *cheviro*, *kevere*. Ahd. *chevar*, *cheviro* glossiert[1] in folgenden Fällen lat. *brūchus*, *brūcus*:

9. Jh. *cheuur* Ahd. Gl. 1, 343, 21.

9./10. Jh. *cheuuar* 1, 669, 4.

10. Jh. *chefuar* 1, 343, 20; *cheuor* 1, 343, 21; *kheuiro* 1, 801, 47; *keuera* 2, 496, 55.

10./11. Jh. *cheuore* Dat. Sg. 1, 669, 7.

11. Jh. *cheuore* Dat. Sg. 1, 669, 7; *keuera* 2, 496, 55; *chfxfr* (= *cheuer*), *keuir* 2, 515, 9; *keuir* 2, 537, 55; *keuer* 3, 267, 38; *keuero* 3, 685, 37; *cheuero* 3, 692, 8.

11./12. Jh. *cheue* 3, 453, 13.

12. Jh. *cheuar* 1, 343, 20; *chêuer*, *kévero*, *keuero* 3, 89, 41—42; *keuer* 3, 204, 11; *kêuera*, *keuere* 3, 225, 55; *keuer* 3, 267, 38; *keuer* 3, 408, 77; *cheuer* 3, 412, 4; *keuer* 3, 417, 16; *cheuer* 3, 445, 26.

13. Jh. *keuer* 3, 48, 6; *keuero*, *keuera*, *keuír* 3, 89, 42—43; *keuera* 3, 350, 37; *kever* 3, 355, 35; *keuere* 3, 366, 15; *cheuir* 3, 674, 54; *keuer* 4, 25, 7.

13./14. Jh. *keuer* 3, 267, 38; 3, 446, 41.

14. Jh. *keuer* 3, 48, 6; *keuer* 3, 48, 66; *kever* 3, 692, 8; *cheuer*, *chevel* 4, 182, 31.

15. Jh. *keuer*, *kefer* 3, 48, 66; *keuer* 3, 89, 43.

---

[1] Die althochdeutschen Glossen, hg. v. Steinmeyer u. Sievers (1879 ff.).

Dem hd. *chevar, cheviro* steht zur Seite anfr. *kevera* (Lipsiussche Gl. 140)[1], as. *keuera* (10./11. Jh., St. Petrier Gl.)[2], ags. *cefr* (8. Jh., Epinal-Erfurter Gl. 150)[3], *cefer* (Ags. Voc. 9, 37)[4], *ceafor* (10. Jh., ebda 121, 20), *ceafor* (10./11. Jh., ebda 261, 15), *ceafor* (11. Jh., ebda 318, 37), *ceafer* (11. Jh., ebda 359, 2), die ebenfalls sämtlich lat. *brūchus, brūcus* glossieren.

In den antiken Sprachen bezeichnet griech. βροῦκος, βροῦχος, lat. *brūcus, brūchus* nicht einen Käfer (Coleopteron) in unserem heutigen Sinne, sondern ‚eine (ungeflügelte) Heuschreckenart'[5]. Und wie das klassische versteht auch das spätantike Latein unter *brūchus, brūcus* eine Heuschrecke. In lateinischen Glossaren[6] wird *brūchus, brūcus* interpretiert mit *lucustas* 4, 27, 4; *locusta* 4, 594, 28; *locuste* 5, 493, 11; *genus locustae quod uolat* (wohl mit Ausfall eines *non*?, vgl. das Folgende) 5, 403, 73 und 5, 348, 20. Holtzmann[7] teilt aus einem lat. Glossar (Hs. des 9. Jhs.) als Interpretamentum zu *brucus* mit: *locusta quae necdum volant.* Noch im 16. Jh. hält ein Wörterbuch[8] diese Angabe fest: *Bruchus, vermiculus, haud dissimilis locustae: herbas erodens, sine alis tamen.*

Frühe neudeutsche Vocabularien geben als Interpretamenta zu *brūchus, brūcus* gleichberechtigt *Käfer* und *Heuschrecke*: *Brucus, eyn keffer oder hauschreck* Vocabularius ex quo (Eltuil 1477) C 6[b]; *brucus, eyn kefer oder hewschreck* Vocabularius ex quo (Nürnberg 1480) 24[b]; *wilder hewschrickel oder kefer, brucus* Vocabularius

---

[1] Die altostniederfränkischen Psalmenfragmente, die Lipsius'schen Glossen u. die altsüdmittelfränkischen Psalmenfragmente, hg. v. van Helten (1902) 64.

[2] Kleinere altsächsische Sprachdenkmäler, hg. v. Wadstein (1899) 84.

[3] The Oldest English Texts, hg. v. Sweet (1885) 44.

[4] Anglo-Saxon and Old English Vocabularies, hg. v. Wright-Wülcker ([2]1884) Bd. 1.

[5] Frisk, Griech. etymol. Wb. 1 (1960) 271; Walde-Hofmann, Lat. etymol. Wb. 1 (1938) 116 s. v. *broccus.*

[6] Corpus Glossariorum Latinorum, ed. Goetz (1888 ff.).

[7] In: Germania 8 (1863) 402.

[8] Pinicianus, Promptuarium (1516) P 3 c.

theutonicus (Nürnberg 1482) oo 5^b; *brucus idem locusta, een sprenckel* Vocabularius optimus (Deventer 1495) e 4^b; *brucus idem locusta, eyn kuelsprengher off hoeysprenkel* Vocabulorum gemma (Köln 1495) C 7^a; *brucus idem locusta, ein kefer* Vocabularius optimus gemm. (Leipzig 1501) A 6^a; *bruchus, kefer oder heyschrech* Vocabularius gemma gemm. (Straßburg 1508) c 7^a; *brucus, ein kefer oder heuschreck* Vocabularius gemma gemm. (Hagenau 1510) c 7^a; *brucus, ein keuer, sprenkel* Lübecker Voc. (1511) in: Nd. Jb. 16 (1890) 113; *brucus, ein kefer oder heuschreck* Vocabularius gemma gemm. (Lohr 1514) d 3^a. Noch der Niederländer KILIAN schreibt in seinem Dictionarium (1605): *sprinck-keuer, sprenckel, bruchus; sprinckel, sprenckel, bruchus, locustae genus* 517^a. Unter dem Lemma *bruchus* gibt DIEFENBACH[1] in einer Vielzahl von Interpretamenta teils *Käfer*, teils *Heuschrecke*. Entsprechend bringt WADSTEIN in seinem Glossar[2] zu dem *brucus* glossierenden as. *keuera* f. die Übersetzung „käfer, art heuschrecke".

Eine zeitgemäße naturwissenschaftliche Erklärung von *brūchus* ist bei ALBERTUS MAGNUS (13. Jh.), De Animalibus (26, 11), überliefert[3]: *Blucus* [!] *vermis est minor quam adlacta et est niger. Est enim primus partus locustae et cum efficitur maior, vocatur atthalabus: et quando perficitur, est locusta dicta quasi longa hasta: hastilia enim duo crura retro habet quibus elevatur ad saltum et volatum. Brucus autem quia adhuc immobilis est, totum depascitur usque ad radices nichil viroris relinquens.* Ähnlich ist dieses zoologische Wissen in ein Glossar aus dem 13./14. Jh. eingegangen[4]: *Attacus est brvco maior. Nota ergo quod brvcus est iuuenis locusta nondum habens alas. sed cum uolare incipit tunc dicitur attelabus uel attacus cum uero plene uolat dicitur locusta.*

Die Darstellung des ALBERTUS macht deutlich, daß auch

---

[1] Glossarium Lat.-Germ. mediae et infimae aetatis (1857) 82; Novum Glossarium (1867) 60.

[2] Kl. alts. Sprachdenkm. (1899) 200^a.

[3] Beiträge zur Gesch. d. Philosophie d. Mittelalters 16 (1921) 1584, hg. v. Stadler.

[4] Zs. f. dt. Wortforsch. 5 (1903/04) 4.

unter *brūchus* (βροῦχος) und unter *atthalabus* (αττέλαβος) die Heuschrecke (*locusta*) zu verstehen ist und beide Bezeichnungen als Namen für Jugendstadien des sich entwickelnden Tieres zu gelten haben. Man wird dabei, da es sich um eine Heuschrecke von bemerkenswerter Gefräßigkeit und um eine im Endstadium geflügelte Art handelt, in erster Linie an die gefürchtete Wanderheuschrecke (*Locusta migratoria migratoria* L.) und an die Marokkanische Wanderheuschrecke (*Dociostaurus maroccanus* THUNBG., in Nordafrika und im Mittelmeergebiet beheimatet) zu denken haben, deren Wanderzüge noch heute verheerende Zerstörungen anrichten.

ALBERTUS' Angaben zur Entwicklung dieser Heuschrecke fußen in der Tat auf richtigen Beobachtungen. Die moderne Zoologie weiß[1], daß die Larven[2] der Heuschrecken (*Saltatoria*), sobald sie ihre Eikapsel verlassen haben, eine erste Häutung durchmachen. Nach dieser ersten Häutung ist die Larve der Heuschrecke imagiform, d. h. sie ist so wie die Imago, wie das entwickelte Vollinsekt gestaltet. Bis zum Imaginalstadium erfährt die Larve etwa 6—8 Häutungen und wird mit jeder Häutung ungefähr um ein Viertel ihrer Körperlänge größer. Gleicht die Larve in ihrer Gestalt (nicht in ihrer Größe) auch von Anfang an ganz dem fertigen Vollinsekt, so besteht doch bei geflügelten Arten wie bei der Wanderheuschrecke in einer Beziehung ein auffälliger Unterschied: Die Larve ist in ihren frühen Stadien flügellos. Dieses Merkmal der Flügellosigkeit ist es, das die alten

---

[1] Vgl. Brehms Tierleben 2 ([4]1922) 85; HARZ, Die Geradflügler Mitteleuropas (1957) 117.

[2] Diese Benennung folgt dem Gebrauch der speziellen Entomologie, wo auch die fortpflanzungsunfähigen Jugendstände hemimetaboler Insekten (Insekten, die vor der Häutung zur Imago kein Puppenstadium durchmachen, Insekten mit unvollkommener Verwandlung) als „Larven" bezeichnet werden (so in den Anm. 1 genannten Darstellungen). Die allgemeine Entomologie dagegen läßt den Terminus „Larve" nur für die Jugendstände holometaboler Insekten gelten (d. h. solcher Insekten, die zwischen Larvalstadium und Imago ein Puppenstadium kennen, Insekten mit vollkommener Verwandlung).

Erklärer von *brūchus* mit den Worten *necdum volant* — *sine alis* — *nondum habens alas* — *immobilis est* hervorheben. Erst in späten Stadien bilden sich, zunächst über kleine Ansätze, allmählich die Flügel aus, aber das Tier bleibt während seines ganzen Larvalstadiums fluguntüchtig (sog. „Hüpfer"; vgl. schon: *Bruchus, ein Höpling, minor est Locusta* SCHWENCKFELD, Theriotropheum [1603] 520). Doch auch diese ungeflügelten Larven der Wanderheuschrecke, die *brūchi*, können in alles Grün vernichtenden Schwärmen auftreten, freilich oft in von dem entwickelten Vollinsekt getrennten Wanderzügen, da sie sich nicht mit diesen fliegend fortbewegen können (sog. „Hüpferschwarm").

Der auffällige Unterschied zwischen der flugunfähigen Larve und der fliegenden Imago hat zu getrennter Namengebung geführt. Es ist dabei gleichgültig, ob Larve und Imago als verschiedene Heuschreckenarten angesehen wurden, oder ob man, wie ALBERTUS, den Entwicklungsprozeß der geflügelten Wanderheuschrecken kannte: *locusta* ist die *Heuschrecke*, das entwickelte, flugfähige Vollinsekt, und *brūchus* ist *chevar*, *kever*, die kleinere, flugunfähige, aber sonst gleichgestaltete Larve.

2

Locustae und *bruchi* stellen die gefürchteten Heuschreckenplagen dar, die das Mittelalter nach biblischem Vorbild als von Gott gesandte Strafen auffaßte. Die *locustae* sind die achte der ägyptischen Plagen (Ex. 10, 4ff.). Wiederholt gilt im biblischen Sprachgebrauch *locusta* in Verbindung mit *bruchus* als ein zu fürchtendes Übel; 2. Par. 6, 28: *Fames si orta fuerit in terra, et pestilentia, aerugo, et aurugo, et locusta, et bruchus, et hostes, vastatis regionibus, portas obsederint civitatis, omnisque plaga et infirmitas presserit;* Ps. 104, 34: *venit locusta, et bruchus cujus non erat numerus;* Joel 1, 4: *Residuum erucae comedit locusta, et residuum locustae comedit bruchus, et residuum bruchi comedit rubigo;* Joel 2, 25: *Et reddam vobis annos quos comedit locusta, bruchus, et rubigo, et eruca;* Nahum 3, 15: *Ibi comedet te ignis, peribis gladio, devorabit te ut bruchus; congregare ut bruchus, multiplicare ut locusta.* Für die meisten der altdeutschen Glossen wird dieses biblische *bruchus* das zu glossierende Lemma abgegeben haben.

Die deutsche Übersetzung ist, wie die angeführten Stellen zeigten, einheitlich ahd. *chevar*, *cheviro*, mhd. *kever*. Auch in der frühnhd. vorlutherischen Bibelübersetzung wird *bruchus* der Vulgata stets mit *kefer* wiedergegeben. Die lateinischen Vorlagen *scarabaeus, curculio, cantharus*[1], die die heutige Sprache als *Käfer* (Coleopteron) ansprechen würde, sind in den Glossen durch die deutsche Angabe *wibel* eindeutig von *bruchus* — *chevar*, *kefer* geschieden. Das deutsche *chevar*, *kefer* ist dagegen so fest an *bruchus* gebunden, daß die Bedeutung ‚(junge) Heuschrecke' als gesichert gelten muß.

Diesem Befunde widersprechen Verwendungen des Wortes *Käfer* außerhalb altdeutscher Glossen nicht. Von der ägyptischen Heuschreckenplage berichtet Rudolf v. Ems[2] (13. Jh.): *nu ist ouh eteswa geschriben / das so vil kevir indas lant / in disem slage wurde gesant, / so die hoischrichil sazen.* Die biblische Darstellung spricht hier (Ex. 10, 4ff.) lediglich von *locustae*, Rudolf teilt sie auf in *hoischrichil* und *kevir*, in *locustae* und *bruchi*. Ottokar v. Steiermark (Anf. 14. Jh.) bringt einen langen Bericht über eine solche Insektenplage; er bezeichnet die Schädlinge mehrmals als *haberschrecken* und nennt sie dann plötzlich *dise kever*[3], d. h. *haberschrecken* und *kever* meinen bei ihm dasselbe. Eine Straßburger Chronik des 14. Jhs.[4] zählt auf: *vil jomers geschehen: ertbidemunge, hunger, kever, matschrecken* [zu obd. *Matte* ‚Wiese'], *rappen* [= Raupen] . . .; die Rede ist Christus in den Mund gelegt, so daß man hinter der Reihung *kever, matschrecken* die biblische Koppelung von *bruchus* und *locusta* sehen darf. Eine

---

[1] Vgl. u. S. 16 ff.

[2] Weltchronik, hg. v. Ehrismann (1915) Vers 10 341 ff.

[3] Österr. Reimchronik, hg. v. Seemüller (1890) Vers 96 145.

[4] Die Chroniken der deutschen Städte 8 (1870) 112.

ausführliche Schilderung einer Heuschreckenplage überliefert JOHANNES ROTHE[1] (15. Jh.): *Velde wyngarten unde boyme vorterbeten gar die kefirn yn dem jare do man zalte noch Cristus gebort 1338 jar, der was alsso vil, das man an etzlichen enden die erde kume vor on gesach, unde vorterbeten was sie grunes traffen, unde die borne dackten die lewte obin zu, umb das sie die icht mit yrem gesmeisse vorgiften, wenn ir mennige die was alsso gross, das sie die lewte nicht getylgen kunden.*

Als ,Heuschrecke' und nicht als ,Käfer' ist auch NOTKERS (11. Jh.) Verwendung des Wortes *cheuer* zu verstehen[2]. Als Vorlage diente ihm Psalm 104, 34: *Dixit et uenit locusta et bruchus, cuius non erat numerus.* NOTKER übersetzt und erklärt: *Sô gebôt er aber, unde dô cham matoscreg, cham sîn sun cheuer, des ende neuuas.* Bisher wurde die Wiedergabe von *bruchus* in den Wörtern *sun cheuer* gesehen, die als Kompositum *suncheuer* betrachtet wurden[3]. Entsprechend setzen J. GRIMM[4] und der Herausgeber SEHRT zwischen beide einen Bindestrich: *sun-cheuer.* J. GRIMM sieht darin einen ,Sonnenkäfer', wenn er erklärt[5]: „der käfer, mit leuchtenden flügeln (oder der in der sonnenwärme hervorkommt?)". Die Deutung der Verbindung *sun chever* als Kompositum *Sonnenkäfer* ist abzulehnen. Der Kommentar des AUGUSTINUS erklärt zur Psalmstelle[6]: *una plaga est locustae et bruchi; quoniam altera est parens altera est fetus.* Diesen Kommentar hat NOTKER nachweislich benutzt, und die Deutung von *bruchus* als ,Heuschrecke im Jugendstadium' war ihm damit bekannt. Er verwendet zur Wiedergabe das in der damaligen

---

[1] Düringische Chronik, hg. v. Liliencron (1859) 571 f.

[2] NOTKERS des Deutschen Werke, hg. v. Sehrt-Starck 3, 3 (1955) 777.

[3] GRAFF, Althochdeutscher Sprachschatz 4 (1838) 378 u. 6 (1842) 240; J. GRIMM, Dt. Mythologie 3 (1878) 200; SEHRT-LEGNER, Notker-Wortschatz (1955) 496. – Dagegen nicht verzeichnet (und daher nicht als Kompositum aufgefaßt) von GRÖGER, Die althochdeutsche u. altsächsische Kompositionsfuge (1910).

[4] Dt. Grammatik 2 (1826) 440.

[5] Ebda.

[6] Nach SEHRT a. a. O.

Zeit dem lat. *brūchus* entsprechende deutsche Wort *cheuer*. Er erklärt es, gemäß AUGUSTINUS, als *sun*, d. h. als ,Sohn, Kind, Junges' von *matoscreg*. Das reflexive *sîn* ist nicht auf *er* (= Gott), sondern auf *matoscreg* zu beziehen.

3

Die Deutung von ahd. *chevar*, mhd. *kever* als ,(junge) Heuschrecke' wird gestützt durch die Etymologie[1]. Das Wort ist nur in westgerm. Sprachen nachweisbar: Ahd. *chevar*, mhd. *kever*, dazu eine schwache Nebenform ahd. *cheviro*, mhd. *kevere*; as. anfr. *kevera*; ablautend nd. *kavel*, ags. *ceafer*, *ceafor*, *cefer*, *cefr*, engl. *chafer*, *chaffer*; dazu mit grammat. Wechsel schweiz. *chäber*. Die genannten Formen setzen westgerm. **kefra-*, **kafra-* voraus, das sich mit den Verben mhd. *kibelen*, *kifelen* ,zanken', *kiven*, *kiffen* ,nagen', *kifelen* ,nagen, kauen' und mit mhd. *kivel*, *kiver*, nhd. *Kiefer*, nd. *keve* ,Kiefer, Kieme' sowie mit an. *kjaptr*, *kjǫptr* ,Maul, Kinnbacke, Kiefer' der Wurzel idg. **ĝep(h)-*, *ĝebh-* ,Kiefer, Mund; essen, fressen' zuordnen läßt.

Der Zusammenhang der Sippe *Käfer* mit Wörtern für ,kauen, nagen' und ,Kiefer' führt für *Käfer* auf die Bedeutung ,Nager', ,Fresser', die für die wegen ihrer unerhörten Gefräßigkeit gefürchtete Heuschrecke, bes. die Wanderheuschrecke (*Locusta migratoria migratoria* L. und *Dociostaurus maroccanus* THUNB.) in viel höherem Maße charakteristisch ist, als für Käfer im heutigen Sinne (*Coleoptera*). Gewiß sind auch die meisten Coleopteren Pflanzenfresser, und Maikäferplagen können verheerende Ausmaße annehmen, — eine Tatsache, die bei der nachfolgenden Bedeutungsentwicklung des Wortes *Käfer* mitgewirkt hat[2]. Be-

---

[1] POKORNY, Idg. etymol. Wb. (1959) 382; LESSIAK, Beiträge z. Gesch. d. deutschen Konsonantismus (1933) 230 ff.; WISSMANN, in: Zs. f. vergl. Sprachforsch. 77 (1961) 30.

[2] S. unten S. 27 f.

trachtet man aber die altgermanischen Glossierungen von lat. *scarabaeus*, *curculio*, *cantharus*, so wird deutlich, daß für Coleopteren nicht das Motiv des Fressens, des Nagens die Namengebung veranlaßte, sondern daß in dem Namen germ. **webila* die Art der raschen, krabbelnden Fortbewegung als auffälligstes Charakteristikum ihren Niederschlag gefunden hat.

4

Neben der großen Zahl von Glossen, in denen ahd. *chevar* lat. *brūchus*, *brūcus* glossiert, steht ein ahd. *cheuero* des 11. Jhs. zu lat. *rubigo* (Ahd. Gl. 3, 453, 28). Diese Glosse scheint fürs erste unverständlich.

Lat. *rūbīgo*, *rōbīgo* steht für ‚Rost', für den durch Feuchtigkeit entstehenden braunroten Eisenüberzug. Zugleich aber ist lat. *rūbīgo*, wie das deutsche *Rost*, der Name für eine Getreidekrankheit, einen Pilzbefall des Getreides. Damit sind offenbar die Brandpilze oder Rostpilze (*Ustilaginaceae*, *Uredineae*) gemeint. Entsprechend übersetzen vorlutherische Bibeln[1] das *rubigo* der Vulgata entweder mit *rost*, soweit es sich um den Oxydationsniederschlag an Metallen handelt (Prov. 25, 4; Ezech. 24, 6; 11; 12), oder aber mit *miltauw*, um damit eine Pflanzen vernichtende Plage zu bezeichnen (Deut. 28, 22; 42; 3. Reg. 8, 37; Joel 1, 4; 2, 25). In der Aufzählung mehrerer Plagen steht *rubigo* gelegentlich neben *bruchus*, z. B. Joel 2, 25: *Et reddam vobis annos quos comedit locusta, bruchus, et rubigo, et eruca;* oder Joel 1, 4: *Residuum erucae comedit locusta, et residuum locustae comedit bruchus, et residuum bruchi comedit rubigo.*

Es ist denkbar, daß eine dieser Bibelstellen oder eine Auslegung, ein Kommentar dazu mit einer Aufzählung biblischer Plagen dem Glossator vorgelegen hat, und daß das deutsche

---

[1] Erste Deutsche Bibel, hg. v. Kurrelmeyer (1904ff.).

cheuero zwar lat. *bruchus*, wie gewöhnlich, wiedergeben sollte, irrtümlich aber neben *rubigo* geriet.

Noch eine andere Erklärung kann man erwägen. Dem *rubigo* der Vulgata entspricht hebr. *ḥasīl* ‚Heuschrecke‘ (3. Reg. 8, 37; Joel 1, 4; 2, 25) und hebr. *z*ᵉ*lāzal* ‚schwirrendes Tierchen, Heuschrecke, Grille‘ (Deut. 28, 42), obwohl sich sonst lat. *rubigo* als Bezeichnung einer Heuschrecke oder auch eines Insekts nicht nachweisen läßt. Sollte der Glossator selbst oder durch den Verfasser seiner Vorlage von dem im hebr. Text zugrunde liegenden Wort oder von dessen Bedeutung gewußt haben, als er *rubigo* mit *cheuero* ‚Heuschrecke‘ und nicht mit dem sonst üblichen *miltaw* wiedergab?

Wahrscheinlicher aber ist eine dritte Lösung. Die biblischen Plagen waren allgemein bekannt. Man findet sie genannt in Aufzählungen der ägyptischen Plagen, in Popularisierungen der Bibel wie auch in allegorischen Ausdeutungen[1]. Bei auftretenden Seuchen und Insekteneinfällen ist auf sie verwiesen worden, und derartige Katastrophen wurden nach dem Vorbild der Bibel als Strafen Gottes für begangene Sünden angesehen. Die Reihung *locusta — bruchus — rubigo — eruca* (etwa nach Joel 2, 25) darf als bekannt und geläufig angesehen werden wie auch die Insektenschädlinge der ägyptischen Plagen *sciniphes — muscae — locustae* (nach Ex. 7 ff.) oder *coenomyia et cinifes — locusta et bruchus* (nach Ps. 104, 28 ff.).

Ob diese Insekten in der biblischen Literatur stets eine zoologisch einwandfreie Deutung erfahren haben, darf mit Recht bezweifelt werden. Sie alle gelten in der Überlieferung als von Gott gesandte Insektenplagen, als nagende Vernichter und Vertilger von Nutzpflanzen. Es läßt sich nachweisen, daß das deutsche Wort *kever* nicht überall in seiner speziellen Bedeutung ‚bruchus, Heuschrecke‘ verstanden wurde, sondern auch als All-

[1] Vgl. z. B. Hrabanus Maurus, Commentaria in Exodum, Migne PL 108, 34 ff.; Honorius Augustodunensis, De decem plagis Aegypti spiritualiter, Migne PL 172, 265 ff.; Absalom, Sermones, Migne PL 211, 38 ff.

gemeinbegriff für eine durch Insekten hervorgerufene biblische Plage gelten konnte. Mögen in den Bibelübersetzungen die Insektennamen der lat. Vorlage jeweils unterschieden worden sein, in allgemeiner Vorstellung werden alle diese Tiere lediglich als verheerendes Ungeziefer gelebt haben, denen sich der deutsche Name *kever* im Sinne von ‚Vertilger, Nager, Fresser' zuordnen ließ.

Diese Auffassung wird nahegelegt durch den Gebrauch des Wortes *kever* in der Reimchronik OTTOKARS V. STEIERMARK[1]. Er beschreibt in aller Ausführlichkeit einen verheerenden Einfall von Heuschrecken[2], die er mehrfach als *haberschrecken* bezeichnet, plötzlich aber, die Bezeichnung wechselnd, *kever* nennt[3]. *Kever* als ‚bruchus, Heuschrecke' überrascht nach dem bisherigen Befund nicht. Hier aber scheint der Ausdruck *kever* eine Art Sammelbegriff zu sein, der in der oben entwickelten allgemeinen Vorstellung sämtliche Insektenplagen zu benennen in der Lage ist, denn OTTOKAR schreibt an anderer Stelle[4]: ... *cynomia und cynifes / alsô zwên kever sint genant.* Bibelübersetzungen geben *coenomyia et cinifes* (Ps. 104, 31) mit *huntflîegun unde mucca* (NOTKER) oder mit *muck* und *hundsfliegen* (Erste dt. Bibel) wieder, – für OTTOKAR sind es *kever* wie die *locustae*, d. h. verheerende Insektenplagen.

Er schreibt an einer dritten Stelle[5]: ... *daz der kefer erugô / kom mit solher kraft / sîner geselleschaft / unde frezze al ir heu.* Es bleibt zweifelhaft, was mit *erugô* gemeint ist. Man wird[6] an lat. *ērūca* ‚Raupe' denken dürfen, wie es auch die Reihung *locusta — bruchus — rubigo — eruca* (Joel 2, 25) nahelegt, und wieder erwiese sich *kever* als allgemeine Bezeichnung einer Insektenplage. Wahrscheinlicher aber liegt hier das lat. *aerūgo* ‚Kupferrost, Grünspan' zugrunde, das — genau wie lat. *rūbīgo* —

---

1 Hg. v. Seemüller (1890).

2 Vers 95 980 ff.; vgl. oben S. 8.

3 Vers 96 145.

4 Vers 78 429.

5 Vers 78 421.

6 Mit SEEMÜLLER, S. 1030, Anm. zur Stelle, der auf Matth. 6, 19 verweist.

Brandpilze, Rostpilze des Getreides meinen kann und in der Glossenliteratur häufig in der Schreibweise *erugo* begegnet. Auch lat. *aurūgo* ‚Gelbsucht, Getreidebrand‘ ist heranzuziehen, das durch die Ähnlichkeit in Lautgestalt und Inhalt seinen Einfluß geltend gemacht haben wird. Wie *rūbīgo* stehen auch *aerūgo* und *aurūgo* innerhalb von Aufzählungen biblischer Plagen; 3. Reg. 8, 37: ... *aerugo aut locusta vel rubigo* ...; 2. Par. 6, 28: ... *aerugo, et aurugo, et locusta, et bruchus* ...

Versteht Ottokar unter seinem *kefer erugô* das lat. *aerūgo, aurūgo* ‚Getreiderost, Getreidebrand‘, so haben wir darin eine Parallele zum Glossator des 11. Jhs., der synonymes lat. *rūbīgo* mit dt. *cheuero* wiedergibt. Daß es sich bei der Getreidekrankheit um einen Pilzbefall, also um einen Schädling pflanzlicher Natur handelt, darf nicht befremden. Die pflanzliche Natur des Schädlings war offensichtlich sowohl dem Glossator wie Ottokar nicht bekannt, denn anders wäre ihnen die übliche Verdeutschung *miltauw* von *rubigo, aerugo, erugo, aurugo* in der Glossenliteratur[1] geläufig gewesen. Beide Autoren verstanden unter *rubigo* einerseits und *erugo* andererseits einen animalischen Pflanzenschädling, den sie mit *chevero, kefer* ‚schädliche Insektenplage‘ benennen konnten. Diese Auffassung geht möglicherweise auf ihre eigene Interpretation oder die ihrer Vorlage zurück, indem *rubigo* und *erugo* mitten in Aufzählungen biblischer Insektenschädlinge gefunden wurden, wo sie ja nach dem hebräischen Urtext auch hingehören. Sie mit den sie umgebenden Tieren ebenfalls als *kever* ‚Nager, Fresser, schädliche Insektenplage‘ zu deuten, lag nahe. Noch ein Vocabular vom Beginn des 16. Jhs. interpretiert in ähnlicher Weise: *erugo ... est vermis qui nascitur in estate rodens segetes, ein wibel* Vocabularius gemma gemm. (Straßburg 1505) i 2[a]. Und wenn Luther in einer Randglosse seiner Bibelübersetzung (zu 2. Mos. 8, 21) den Ausdruck *Vnzifer* erläutert: *Das*

[1] Vgl. z. B. (zu Joel 2, 25): *rvbigo vel aurŏgo vnum sunt, militoŷ* (9./10. Jh.) Ahd. Gl. 1, 669, 14–15. Aber auch in *Mehltau* wird zuweilen ein Tier gesehen, vgl.: *Miltauwurm der das kraut verderbet, aurugo* Vocabularius theutonicus (Nürnberg 1482) v 3[b].

die Griechen heißen Kynomyia, ist alle böse würm, so da schaden thun im felde, Raupen, Fliegen, Zwifalter, Emmeisse, Kefer, Brenner, Vnd dergleichen Geschmeis, das Beume vnd Gewechse verderbet (1545) Dt. Bibel 8, 223, so steht *Brenner* für das biblische *rubigo* oder *erugo* ‚Getreidebrand‘ (nicht für ‚Hirschkäfer‘, wie meist angenommen wird). Aber auch LUTHER sieht in *Brenner* einen tierischen Schädling, eine Art Insekt als Urheber der Getreidekrankheit.

Mit der Auffassung eines pflanzlichen Schädlings als Tier stehen also OTTOKAR und der Glossator nicht allein. Viele Krankheiten von Mensch, Tier und Pflanze schrieb alte Vorstellung einem animalischen Erreger, bes. Würmern zu[1], man denke u. a. an Mitesser, die als Würmer bezeichnet wurden[2], oder an den als nagenden Wurm gedeuteten Zahnschmerz[3]. In einen Zusammenhang mit Getreiderost, Getreidebrand läßt sich auch das mhd. *ruozwurm* bringen. Es ist mehrfach belegt in der Glossenliteratur: rvbicel *růzŵrm* (12. Jh.), *rv̊zwrm* (12. Jh.), rubicer *rv̊zwrm* (13. Jh.), rubicen *ruozwrm* (12. Jh.), rubicer *röͦzworn* (13. Jh.), rvbicel *ruz wurm* (13. Jh.), rubiczel *Rueswurm* (15. Jh.) Ahd. Gl. 3, 82, 24—27; rubicer *růzwrm* (12. Jh.) 3, 202, 12; rubicel *ruzworm* (13. Jh.) 3, 366, 45; *rußwurm* rubitor Vocabularius theutonicus (Nürnberg 1482) bb 5ª. FRISCHS[4] Deutung als ‚Schabe‘ (*Blatta orientalis* L.), die mehrere Nachfolger gefunden hat (z. B. ADELUNG[5], CAMPE[6]), ist unwahrscheinlich. Man wird in *ruozwurm* vielmehr den einem animalischen Erreger zugeschriebenen Ge-

---

[1] KUHN, in: Zs. f. vergl. Sprachforsch. 13, 135ff.; HÖFLER, Dt. Krankheitsnamenbuch (1899) 820ff.

[2] „So sitzen auf dem Rücken kleiner Kinder kleine Würmlein, welche in der Haut als kleine schwartze Härichen stecken, welche crinones, comedones, dracunculi, *Mit-Esser, Zehr-Würme* genennet werden“ LESSER, Insectotheol. (1738) 128. Vgl. ferner JÖRDENS, Entomologie u. Helminthologie des menschl. Körpers (1801) 2, 126f.; Handwb. d. deutschen Aberglaubens (1927ff.) 6, 397.

[3] Germania 13 (1868) 183f.

[4] Teutsch-lat. Wb. (1741) 2, 137.

[5] Versuch eines vollst. gramm.-krit. Wörterbuchs der hochdt. Mundart (1774ff.) 1, 611.

[6] Wörterbuch d. dt. Sprache (1807ff.) 1, 404.

treiderost, Getreidebrand vermuten dürfen, um so mehr, als diese Pflanzenkrankheit auch weithin mit *Ruß* bezeichnet wurde[1].

5

Welche Wortform stand in altdeutscher Zeit als Bezeichnung der *Coleoptera*, für die heute das Wort *Käfer* gilt, dessen Frühformen *chevar*, *kever* aber nach dem bisherigen Befund ganz andere Inhalte aufzuweisen hatten? Drei Lemmata finden sich in den Glossen, die die Coleopteren vertreten: lat. *scarabaeus*, lat. *curculio* und lat. *cantharus*, und an alle drei ist deutsches *wibel* etwa so fest gebunden wie *chevar* an *brūchus*.

Die Belege für *scarabaeus:*

9. Jh. *uuibil* Ahd. Gl. 3, 454, 26; *niger uermis, quod uulgo dicunt uuipil* 4, 26, 33—34; *uuipil* 4, 225, 13.

9./10. Jh. *vuibil* 3, 447, 1; *vuibil* 3, 688, 46.

10. Jh. *uuibil* 3, 15, 47; *uuibil* 3, 447, 1; *uui uil* 3, 458, 45.

11. Jh. *wibil, vuibil* 3, 447, 1; *wibil* 3, 453, 29; *vuiuil, wiuel* 3, 458, 45—46.

12. Jh. *vuible* 2, 24, 25; *ŵibela* pl., *wîbele* pl., *wibili* pl. 3, 89, 45—46; *wibil* 3, 204, 12; *wibel* 3, 257, 60; *wibil* 3, 288, 63; *wibil, wíbil* 3, 345, 28; *wibil* 3, 696, 15.

13. Jh. *wiuela* pl., *wibili* pl., *wibil* 3, 89, 46—47; *wibil* 3, 257, 60; *uuibil* 3, 308, 70; *wiuel* 3, 350, 38; *wibl* 3, 355, 36; *wieuel* 3, 366, 16; *wibil* 3, 443, 41; *wibil* 3, 672, 50; *vvibil* 3, 674, 51.

13./14. Jh. *wibil* 3, 446, 44; *wibel* 3, 454, 23.

15. Jh. *wibel* 3, 89, 47.

Man hat geglaubt, die Bedeutung von lat. *scarabaeus* wie von ahd., mhd. *wibel* auf ‚Mistkäfer' einengen[2] zu können. Das stimmt weder für *scarabaeus* noch für *wibel*. Selbst wenn die Beschrän-

---

[1] DWb 8, 1555; vgl. auch GOETHE, Vom Hopfen und dessen Krankheit, Ruß genannt, Schriften zur Naturwissensch. 9 (1954) 328 (Leopoldinische Ausgabe).

[2] SCHUMACHER, Studien zur Bedeutungsgeographie deutschmundartlicher Insektennamen, = Beiträge zur deutschen Philologie 5 (1955) 45ff.

kung *scarabaeus* = *wibel* = ‚Mistkäfer' zu Recht bestünde ‚muß man sich vor Augen halten, daß darunter eine Vielzahl von Käferarten begriffen werden muß. Es handelt sich dabei um Coleopteren, die zur Brutpflege oder zur eigenen Nahrung Exkremente benutzen. Zu ihnen zählen besonders die Mistkäfer (Unterfamilie *Geotrupinae*), die Dungkäfer (Unterfamilie *Aphodiinae*), die Kotkäfer (Unterfamilie *Coprinae*, wozu auch der Heilige Pillendreher der alten Ägypter, *Scarabaeus sacer* L., gehört), und man muß damit rechnen, daß volkstümliche Sprache Coleopteren von ähnlichem gedrungenem Körperbau oder ähnlicher Lebensweise, wie etwa die Aas fressenden Erdkäfer (Unterfamilie *Troginae*), ebenfalls als ‚Mistkäfer' ansieht. Alle die genannten Käfer gehören zur Familie *Scarabaeidae*, die nach heutigen zoologischen Kenntnissen etwa 20000 Arten umfaßt, von denen ungefähr 200 in Deutschland leben[1]. Aber nicht nur ein großer Teil der Skarabäiden, sondern noch viele andere Käferarten treiben Brutfürsorge mit Hilfe von Kotanhäufungen, sei es zum Schutze der Eier oder zum Schutze und zur Nahrung der Larven[2]. Man wird annehmen dürfen, daß alle Käfer, die sich um die Ansammlung von Kot bemühen, als ‚Mistkäfer' angesehen und mit dem deutschen Namen *Wibel* benannt wurden.

Der sprachliche Inhalt von *wibel* in seiner Verwendung durch Glossatoren und Lexikographen wird zunächst bestimmt vom Begriffsumfang der lateinischen Vorlage *scarabaeus*; er entspricht daher etwa dem Gebrauch dieses Wortes bei den naturwissenschaftlichen Schriftstellern der Antike und des Mittelalters. Plinius[3] folgt bei der Behandlung der Scheiden- bzw. Deckflügler, d. h. der Käfer, der aristotelischen Definition, verfügt aber über keine lateinische Bezeichnung zur Wiedergabe von griech. κολεόπτερα; stattdessen führt er für diese Insekten-

---

[1] v. Kéler, Entomologisches Wb. ([2] 1956) 500.

[2] Vgl. v. Lengerken, Die Brutfürsorge- und Brutpflegeinstinkte der Käfer (1954).

[3] C. Plinius Secundus, Naturalis Historia, ed. Mayhoff, Leipzig (Teubner).

gruppe den Namen *scarabaei* an: *Quibusdam pinnarum tutelae crusta supervenit, ut scarabaeis, quorum tenuior fragiliorque pinna* (11, 97). Danach werden einige *scarabaei* beschrieben (11, 97 ff.); die Erläuterungen und die Beispiele lassen erkennen, in welchem Sinne PLINIUS den Begriff *scarabaeus* verwendet: *in quodam genere eorum grandi cornua praelonga, bisulca dentatis forcipibus in cacumine, cum libuit, ad morsum coeuntibus; ... lucavos* (v. l. *lucanos*) *vocat hos Nigidius* (= Hirschkäfer[1]; Familie *Lucanidae*). *aliud rursus eorum genus, qui e fimo ingentes pilas aversi pedibus volutant parvosque in iis contra rigorem hiemis vermiculos fetus sui nidulantur* (= Mistkäfer; Familie *Scarabaeidae*). *volitant alii magno cum murmure aut mugitu* (nicht näher bestimmbar), *alii focos et prata crebris foraminibus excavant, nocturno stridore vocales* (= wohl Grillen, Heimchen[2]; nach heutiger Auffassung keine Käfer). *lucent ignium modo noctu laterum et clunium colore lampyrides, nunc pinnarum hiatu refulgentes, nunc vero conpressu obumbratae* ... (= Glühwürmchen, Leuchtkäfer[3]; Familie *Lampyridae*). *e contrario tenebrarum alumna blattis vita, lucemque fugiunt in balinearum maxime umido vapore prognatae* (= Schaben; nach heutiger Auffassung keine Käfer).

An anderen Stellen erwähnt PLINIUS weitere *scarabaei*. Manche sind infolge ungenauer oder ungenügender Angaben nicht deutbar[4]. Doch darf man wohl unter einem *scarabaeus, cui sunt cornicula reflexa* (30, 100) Bockkäfer[5] (Familie *Cerambycidae*) und unter einem anderen, *qui vocatur fullo, albis guttis* (ebda) den

---

[1] Vgl. SCHENKLING, Die Entomologie des Plinius, in: Illustr. Wochenschrift f. Entomologie 2 (1897) 3; STEIER, Aristoteles und Plinius, Studien zur Geschichte der Zoologie (1913) 97; KELLER, Die antike Tierwelt 2 (1913) 407.

[2] STEIER 96. — Dagegen GOSSEN, in: PAULY-WISSOWA, Realencyclopädie der klassischen Altertumswissenschaft 20 (1919) 1488, der (unwahrscheinlich) Klopfkäfer (*Anobium pertinax* L.) vermutet.

[3] SCHENKLING 3; KELLER 408.

[4] *scarabaei rutili* 11, 99; *scarabaeus in eriphia* 24, 168; *scarabaei virides* 29, 132; *scarabaei terrestres* 30, 39.

[5] SCHENKLING 3; STEIER 98.

Walker[1] (*Polyphylla fullo* L. aus der Familie *Scarabaeidae*) vermuten.

Schwer zu beurteilen ist der *cantharis* (v. l. *cantharidis*) *dictus scarabaeus parvus, frumenta erodens* (18, 152). Wie PLINIUS bezeichnen auch THEOPHRAST (Hist. Plant. 8, 10, 1) und HESYCH (S. 807, ed. Schmidt) mit κανθαρίς einen dem Getreide schädlichen Käfer. Aber diese Angabe ist bei der Vielzahl der Getreideschädlinge unter den Käfern zu allgemein, um eine Deutung zu erlauben. Es sind zweifellos mehrere Käferarten, die die antiken Schriftsteller mit dem Namen *cantharis* ‚Käferchen' bezeichnet haben[2]. Häufig wird griech.-lat. *cantharis* als Heilmittel beschrieben, seit ARISTOTELES (Hist. Anim. 5, 104 und 5, 24) stets in naturbeschreibenden und medizinischen Schriften der Antike und des Mittelalters angeführt[3]. Ausführlich informiert über den mittelalterlichen Gebrauch des Wortes wiederum ALBERTUS MAGNUS[4]: *Cantarides vermes sunt virides, auri colore superlucentes et nascuntur in summitate ramorum fraxini et alnae arborum ex humore qui est in foliis, et convalescunt corrosione foliorum sicut erucae. Volant autem per diem, noctę vero in unum globum colliguntur* (26, 13). Das ist eine genaue Beschreibung von Aussehen und Lebensweise der Spanischen Fliege (*Lytta vesicatoria* L.), eines Käfers aus der Familie *Meloidae*, noch im 16. Jh. *Goldwibel* benannt[5]. Daß auch PLINIUS bei dem erwähnten „Getreideschädling" *cantharis* an *Lytta vesicatoria* oder an eine ihr verwandte Art aus der Familie *Meloidae* denkt, ist nicht anzunehmen[6].

---

[1] SCHENKLING 3; STEIER 99; GOSSEN a. a. O. 20 (1919) 1481.

[2] Vgl. GOSSEN a. a. O. 20 (1919) 1478ff. und Suppl. 8 (1956) 235ff.; FERNANDEZ, Nombres de insectos en griego antiguo (1959) passim, bes. 65.

[3] Vgl. Wörterbuch der deutschen Tiernamen (Twb) Insekten, Sp. 105 s. v. *Cantharis*.

[4] Vgl. oben S. 5, Anm. 3.

[5] DRYANDER, Steinwehtum (1538) B 2[a].

[6] An anderen Stellen dagegen spricht PLINIUS mehrfach von *cantharides* als giftigen, kleinen Insekten und meint dabei ohne Zweifel Spanische Fliegen oder verwandte Käfer aus der Familie *Meloidae*. Doch bezeichnet er sie in diesem Zusammenhange nicht als *scarabaei*.

Als *scarabaeus*-ähnlich nennt PLINIUS die *būprēstis*: *Buprestis animal est rarum in Italia, simillimum scarabaeo longipedi; fallit inter herbas bovem maxime, unde et nomen invenit, devoratumque tacto felle ita inflammat, ut rumpat* (30, 30; nach NIKANDER Alexipharm. 346). Auch dieses giftige, das Rindvieh tötende Insekt ist nicht sicher bestimmbar, doch bezeichnen der Scholiast zu NIKANDER sowie GALEN (XIX 89, ed. Kühn) und PAULUS AEGINETA (VII 3) βούπρηστις als der κανθαρίς ähnlich, d. h. der Spanischen Fliege ähnlich. Es wird sich daher um einen Cantharidin[1] enthaltenden Käfer aus der Familie *Meloidae* handeln[2].

ISIDOR[3] (7. Jh.) erklärt (ihm folgend HRABANUS MAURUS [9. Jh.][4]), daß *scarabaei* aus faulendem Pferdefleisch entstünden[5] (wohl Aas fressende Erdkäfer aus der Familie *Scarabaeidae*). Er folgt PLINIUS (30, 39) in der Angabe: *tauri vocantur scarabaei terrestres ricino similes* (kaum deutbar[6]; vielleicht ebenfalls Erdkäfer?[7]). Auch in der Beschreibung der *buprestis* schließt er sich PLINIUS an. Als vierten Käfer aus dem *genus scarabaeorum* nennt er den Leuchtkäfer, *cicindela* (Familie *Lampyridae*).

ALBERTUS (13. Jh.) schließlich kennt als *scarabaeus* den Maikäfer: *scarabei rubei qui in principio aestatis in mense Madio folia corrodunt* (15, 43; Familie *Scarabaeidae*); den Hirschkäfer: *scarabeus silvanus, non stercora sed folia arborum comedens, cornua cervorum cornibus in figura similia habet, quae sunt mobilia in*

---

1 „Spezifischer ätzender und blasenziehender Anhydrid ($C_{10}H_{12}O_4$) im Blute der *Meloidae* ... Für Menschen ist das Cantharidin bei 0,03 g Dosis tödlich" v. KÉLER, Entomologisches Wb. ([2] 1956) 116.

2 SCHENKLING 3f.; STEIER 94; KELLER 415; GOSSEN a. a. O. 20 (1919) 1480f.; Twb Insekten, Sp. 97 s. v. *Buprestis*.

3 ISIDORI Hispalensis episcopi etymologiarum sive originum lib. XII, VIII, 2ff., hg. v. Lindsay (1911).

4 De Universo, Migne PL 111, 256f.

5 Vgl. unten S. 29 ff.

6 STEIER 99.

7 SCHENKLING 3. — Oder Laufkäfer aus der Familie *Carabidae*? Vgl. GOSSEN a. a. O. Suppl. 8 (1956) 236.

capite suo, et per ipsa apprehendit et tenet (12, 221, vgl. auch 2, 96; Familie *Lucanidae*); als *scarabaeus*-ähnlich nennt er *cicendula* (26, 12; Leuchtkäfer, Familie *Lampyridae*) und *stupestris* (= *buprestis*, 26, 30; Familie *Meloidae*).

Doch mittelalterliches *wibel* ist keineswegs „ausnahmslos“[1] an lat. *scarabaeus* gebunden. Es glossiert lat. *curculio*: *wupil* (13. Jh.) Ahd. Gl. 3, 55, 31; *wibel* (14. Jh.) 3, 324, 61; *wibil* (13./14. Jh.) in: Zs. f. dt. Wortforsch. 5 (1903/04) 21. PLINIUS erwähnt den *curculio* ohne Beschreibung als dem aufbewahrten Getreide schädlich (18, 302). Die Interpretation *curculio* — *wibel* altdeutscher Glossen hält sich bis in spätere Glossare und Wörterbücher, oft mit ergänzenden Erläuterungen, die eine Bestimmung des Tieres erlauben: *gurgulio, wibel in dem korn* BRACK Vocabularius rerum (1489) i 1^{b}; *gurgulio est vermis nascens in annona, ein kornwybel* Vocabularius gemma gemm. (Straßburg 1508) l 6^{c}; *gurgulio, ein kornwibel, est vermis nascens in fructu.* Vocabularius gemma gemm. (Straßburg 1505) l 6^{c}; *kornwurm, gurgulio, vulgariter wibel* Vocabularius incip. (Straßburg 1515) N 6^{b}; *curculio, wibel im korn, kornmilb* GOLIUS Onomasticon (1579) 306; *gurgulio, vermis frumenti, korn wibel, wurm* APHERDIANUS Tyrocinium (1581) 151. Damit ist zunächst gewiß der in Größe, Körperbau und Lebensweise von den Skarabäiden erheblich abweichende Kornkäfer (*Calandra granaria* L.) aus der Familie der Rüsselkäfer (*Curculionidae*) gemeint.

Aber auch die Arten der Gattung *Bruchus* L.[2] aus der Familie *Bruchidae* müssen unter *curculio* — *wibel* verstanden werden: *curculio est vermis comedens legumina, ein wybel* Vocabularius gemma gemm. (Straßburg 1505) g 4^{c}; *curculio, ein würmle so das korn, bonen, linse etc. frißt vnd zergnagt, wibel oder kornmilben* FRISIUS Dictionarium (1556) 357^{a}. Das deutet auf den Erbsenkäfer (*Bruchus pisorum* L.), den Pferdebohnenkäfer (*Bruchus*

---

[1] SCHUMACHER 51.

[2] Der zoologische Gattungsname *Bruchus* L. hat inhaltlich nichts mehr zu tun mit lat. und mlat. *brūchus* ‚Heuschrecke‘.

rufimanus Boh.), den Saubohnenkäfer (*Bruchus atomarius* L.) und den Linsenkäfer (*Bruchus lentis* Froel.), eine Deutung, die mehrere Interpretamenta von *curculio* bestätigen: *gurgulo, eyn boen worm, est vermis nascens in faba* Vocabularium gemma (Köln 1495) K 2^b^; *traidwurm, gurgulio specialiter nascitur in faba* Vocabularius incip. (Speyer, ca. 1485) gg 2^b^; . . . *die grôzen und die weizen* (Bohnen) *sint die pesten, die die würm niht durchlöchert habent, die ze latein gurguliones haizent, daz sint sâmenwürm* (14. Jh.) Konrad v. Megenberg Buch d. Natur 402. Dazu gehören auch die folgenden Belege, die *curculio* durch das geläufigere *scarabaeus* ersetzen: *scarabeus est vermis in fabis, eyn webel* Vocabularius ex quo (Eltuil 1477) R 8^b^; *Wibel in ponen, scarabeus* Vocabularius theutonicus (Nürnberg 1482) o o 1^b^; *wiele* [l. *wibel*] *scarabius est quidam vermis qui nascitur in fabis et pisis* Vocabularius incip. (Speyer, ca. 1485) o o 4^b^; *scarabeus est vermis in fabis siue pisis, ein wybel* Vocabularius gemma gemm. (Straßburg 1508) z 1^d^.[1]

Wibel steht schließlich für das Lemma lat. *cantarus*: *wibel* (12. Jh.), *wibil* (13./14. Jh.) Ahd. Gl. 3, 271, 26; *uuibil* (13. Jh.) 2, 10, 39. Ältere Belege liefert das Ags.: *uuibil* (8. Jh.) The Oldest English Texts, hg. v. Sweet (1885) 54 (Erfurter Glossar 310); *wibil* (8. Jh.) Anglo-Saxon and Old English Vocabularies, hg. v. Wright-Wülcker (²1884) 1, 11, 18; *wifel* (10. Jh.) ebda 1, 198, 20; *wifel* (11. Jh.) ebda 1, 363, 4.

Lat. *cantarus* (= *cantharus*) geht zurück auf das griechische κάνθαρος des Aristoteles (Hist. Anim. 1, 29 und 5, 102), worunter ein Käfer beschrieben wird, der Kugeln aus Mist zusammenballt, so daß auch unter *cantarus* — *wibel* eine Mistkäfer-Art (Familie *Scarabaeidae*) zu verstehen ist.

Mit Sicherheit läßt sich also erweisen, daß mittelalterliches deutsches *wibel* Coleopteren aus den Familien *Lucanidae*, *Scara-*

[1] Die Angabe *vermis* — *wurm* in den Erklärungen zu *curculio* kann auch auf die Larven des Käfers deuten. Doch ist in erster Linie daran zu denken, daß im Mittelalter *vermis* — *wurm* der übliche Terminus zur Bezeichnung aller Insekten ist, s. Twb Insekten. Sp. 3 f.

baeidae, Lampyridae, Cerambycidae, Meloidae, Curculionidae und *Bruchidae* bezeichnen kann, das heißt mit anderen Worten, daß *wibel* von Anfang an die allgemeine Bedeutung ‚Käfer' trägt. Es ist unzulässig, aus Wendungen wie *fliuget ein wibel hin zu velde und suochet einen rosse mist*[1] oder *wibel in dem korn*[2] für die Wortform *wibel* eine Bedeutung ‚Mistkäfer' oder ‚Kornkäfer' anzusetzen. Die ganze Wendung meint in der Tat entweder einen Mistkäfer oder einen Kornkäfer, eine solche Bestimmung erfolgt aber nicht aus dem Worte *wibel*, sondern aus den beigefügten erläuternden Ergänzungen.

Das Bedürfnis, unter den verschiedenartigen *Wibeln* zu unterscheiden, führte schon früh zu verdeutlichenden Erweiterungen; es ist zu verweisen auf ags. *scearnwibba, scearnwifel* ‚Mistkäfer'[3], zu ags. *scearn* ‚Dung, Kot'; ags. *tordwifel*[4], aisl. *tordyfill*[5], adän. *thorthifil*, aschwed. *tordöfvil*[6] ‚Mistkäfer', bei ags. *tord* ‚Dung, Kot'; as. *golduuiuil* (zu lat. *cicendela*) ‚Glühwürmchen'[7]; ferner ags. *se glisigenda wibba* (Glosse des 10. Jhs. zu lat. *cicindela*) ‚Glühwürmchen'[8].

Alle diese Formen sind Bildungen zum Grundwort germ. **webila* in der allgemeinen Bedeutung ‚Käfer'. Die Etymologie[9] führt bei ahd. *wibil*, mhd. *wibel*, as. *-wivil*, mnd. mnl. *wevel*, ags. *wibil, wifel* (dazu verwandtes *wibba*), engl. *weevil*, an. *-yfill* über germ. **webila-* auf die idg. Wurzel **u̯ebh-* ‚sich hin und her be-

---

[1] Hugo v. Trimberg, Der Renner, hg. v. Ehrismann (1908) Vers 17 650.

[2] Brack, Vocabularius rerum (1489) i 1ᵇ.

[3] Bosworth-Toller, An Anglo-Saxon Dict. (1882) 825ᵃ.

[4] Ebda 1002ᵇ.

[5] Cleasby-Vigfusson, An Icelandic-Engl. Dict. (1874) 636ᵇ.

[6] Jóhannesson, Isländ. etymol. Wb. (1956) 131. Zu den nordischen Bildungen vgl. auch Rössing, in: Deutsche Wortforschung in europ. Bezügen (1958) 1, 561ff.

[7] Kleinere as. Sprachdenkmäler, hg. v. Wadstein (1899) 107.

[8] Anglo-Saxon and Old English Vocabularies, hg. v. Wright-Wülcker (²1884) 1, 121, 25.

[9] Pokorny, Idg. etymol. Wb. (1959) 1114f.; Schwentner, in: PBB 51 (1927) 19ff.

wegen, wabern, kribbeln, wimmeln', wozu auch lett. *vabuolis, vabule,* lit. *vãbalas* und urverwandtes russ. *wébliza* ,Käfer' gehören.

6

Der Ersatz von altem *wibel* durch *kever,* d. h. der Übergang von *chevar, kever* ,Heuschrecke' zu *kever, Käfer* ,Coleopteron' ist ein sich lange Zeit hinziehender Prozeß. Seine Erklärung ist deshalb schwierig, weil die Vorstellungen, die das Mittelalter von den Insektenarten hatte, aus dem überlieferten Sprachgebrauch oft nur annähernd zu erkennen sind. Dennoch soll im folgenden der Versuch unternommen werden, die einzelnen Ursachen des Vorgangs aufzusuchen, um den ungefähren Entwicklungsverlauf im Deutschen darzustellen.

Für mhd. *kever* konnte zunächst die ganz spezielle Bedeutung ,Heuschreckenlarve, junge Heuschrecke, ungeflügelte Heuschrecke' ermittelt werden, die verhältnismäßig rasch den Gebrauch des Wortes *kever* im Sinne von ,Heuschrecke (allgemein)' erlaubte. Aber auch andere Insekten, die durch biblische Berichte in Verbindung mit Heuschrecken genannt sind (*rubigo, erugo, coenomyia, cinifes*), finden sich in den entsprechenden deutschen Darstellungen unter dem Worte *kever,* das damit ganz allgemein als ,Insektenplage' im Sinne von ,Nager, Vertilger' aufgefaßt werden muß.

a) Diese zuletzt genannte Verwendungsweise wird einem Glossenbeleg zugrunde liegen, in dem lat. *scarabaeus* gegen den üblichen Gebrauch nicht mit *wibel* verdeutscht ist: scarabevs *chwatchever* (12. Jh.) Ahd. Gl. 3, 445, 27, das ist *quatkever* und soll heißen ,Kot fressendes Insekt', ,Dreckfresser', also ,Mistkäfer'. Dasselbe findet sich als Glossierung von lat. *scaba* (= *scabro*): *chutcheuer* (= *chuatcheuer*) (13. Jh.) 3, 48, 31. Schließlich werden vereinzelt lat. *scarabaeus* und lat. *scaba* (= *scabro*) auch mit dem Simplex *khepher* (13./14. Jh.) 3, 288, 63 und *keuer* (14. und 15. Jh.) 3, 48, 31 wiedergegeben. Man wird hier unter *kever* — sowohl in seinem Gebrauch als Simplex wie als Grundwort des Kompositums *quatkever* — ‚schädliches Insekt, Nager, Fresser' verstehen müssen. Das Lemma *scarabaeus* und das Bestimmungswort *quat* aber zeigen, daß *kever* mit dieser allgemeinen Bedeutung hier schon Tiere der Ordnung *Coleoptera* meint, so daß in den zitierten Verwendungsweisen frühe Ansätze des Wandels von ‚Heuschrecke', ‚Nager, Fresser' zu ‚Coleopteron' gesehen werden dürfen.

In Quellen aus mhd. Zeit, die zunächst die Verwendung von *kever* ‚Heuschrecke' eindeutig bezeugten[1], finden sich auch Belege dieser Art: *ein kever der was goltvar*[2]. Eine goldfarbige Heuschrecke wird man nicht darunter zu verstehen haben, sondern die Fortsetzung des in den oben zitierten Glossen sich anbahnenden Gebrauchs. Ähnlich aufzufassen ist *kever* in den Versen FREIDANKS[3]: *Die kevern vliegent unverdâht, / des vellet maneger in ein bâht. / Der kever sich selbe triuget, / swenner ze hôhe vliuget,* und HUGOS V. TRIMBERG[4]: *kefern, wibeln unde bremen / siht man des tôdes ofte rêmen, / wenne si fliegent unbedâht.*

In den genannten Glossen wie auch in den mhd. Belegen meint *kever* dasselbe Objekt, dasselbe Tier, das auch heutige Sprache mit *Käfer* benennen würde. Aber der Inhalt des alten Wortes deckt sich nicht mit dem der modernen Bezeichnung; die Vorstellung war offensichtlich weiter, allgemeiner und nicht identisch mit dem, was heutige zoologische Fachsprache unter *Coleoptera* versteht. Sie enthielt noch in hohem Maße das Moment des Nagens, Vertilgens, Fressens, auf das die Etymologie des Wortes hinführt, und den Gedanken an ein schädigendes, lästiges Insekt, wie er sich aus dem biblischen Gebrauch entwickelt hat. Man darf

---

[1] S. oben S. 8 f.

[2] Kleine mittelhochdeutsche Erzählungen, Fabeln und Lehrgedichte III, hg. v. Rosenhagen (1909) 141, 1 (= Deutsche Texte des Mittelalters Bd. 17).

[3] VRIDANKes Bescheidenheit, hg. v. W. Grimm (1834) 146, 9ff.

[4] Der Renner, hg. v. Ehrismann (1908) Vers 16 315ff.

vermuten, daß ahd., mhd. und auch noch frühnhd. *kever* vornehmlich Nutzpflanzen fressende oder schädigende Insekten zusammenfaßt, also Heuschrecken, Coleopteren und andere Insektenplagen bezeichnen konnte.

b) Daraus erklären sich spätere Verdeutschungen von *brūchus*. In deutschen Wörterbüchern des 16. Jhs. wird lat. *brūchus*, das bis dahin übereinstimmend mit ‚Käfer, Heuschrecke' wiedergegeben wurde[1], neben ‚Käfer' häufig mit der Verdeutschung ‚Krautwurm' versehen: *bruchus, ein kraut wurm oder käfer* DASYPODIUS Dict. (1537) 20b; *bruchus, ein krautwurm oder kefer* SERRANUS Dict. (1540) c 6b; *bruti, krautwürm, krautkäfer* GOLIUS Onomasticon (1579) 306; *bruchus, Krautkeffer* FRISCHLIN Nomenclator (1586) 69b; *Käfer, Krautkäfer, Bruchus* RULAND Dict. (1586) 904; *Kraut Würm, krautkäfer, Bruchi* ebda 907; *Bruchus, Krautkefer* DECIMATOR Sylva vocabulorum (1606) 577b. Das deutsche Wort *Krautwurm* ist nicht neu, es begegnet bereits in früheren Wörterbüchern und Glossaren, steht aber dort als Verdeutschung von lat. *ērūca* ‚Raupe'.

Der Name *Heuschrecke*, der bisher weithin an *bruchus* gebunden war, ist in diesen Angaben geschwunden. Geblieben ist hingegen die alte Koppelung *bruchus — käfer*. Aber unter *Käfer* ist nicht mehr lediglich ‚Heuschrecke' zu verstehen, sondern der Wandel zu der allgemeinen Bedeutung ‚Nager, Nutzpflanzen fressendes Insekt' ist hier vollzogen, *Käfer* meint die Gesamtheit der Insekten, die Grünes fressen, also Heuschrecken, Käfer (*Coleoptera*), und zwar deren Larven und Imagines, und in diesen Fällen auch die Raupen, die ‚Krautwürmer'. Dabei ist *Krautwurm* mit (*Kraut-*)*Käfer* synonym, da *Wurm* in älterer volkszoologischer Begriffssprache ebenfalls weiter gefaßt ist als heute und nicht nur Insektenlarven (Maden, Raupen u. dgl.), sondern auch das ausgebildete Vollinsekt bezeichnet[2]. Das lat. *brūchus* wird also in dieser Zeit inhaltlich etwa dem deutschen Worte

---

[1] Vgl. oben S. 4f.

[2] Vgl. S. 22, Anm. 1.

Käfer angeglichen, an das es jahrhundertelang lexikalisch gebunden war, und DECIMATOR Thesaurus (1608) 173[a] kann alle „Grünfresser", die Raupen, Heuschrecken und Käfer, unter dem Ansatz *brūchus* zusammenfassen: *brūchus, vermiculus herbas erodens, locustae similis, sed sine alis, ein Raupe, Hewschreck, ein Brachkefer.*

c) Den großen, vernichtenden Insekteneinfällen standen die Menschen des Mittelalters schutzlos und hilflos gegenüber. Abwehr- und Vertilgungsmittel gab es nicht. Den einzigen Ausweg glaubte man in damaliger Zeit darin zu sehen, daß man die Insekten für ihre Untaten in einem Gerichtsverfahren zur Verantwortung zog und sie verurteilte, sich zurückzuziehen, indem man sie mit dem Kirchenbann bedrohte. Berichte über derartige Prozesse sind mehrfach in aller Ausführlichkeit überliefert[1]. Für den vorliegenden Zusammenhang ist dabei von Belang, daß Insektenprozesse im wesentlichen gegen Heuschrecken, gegen Raupen und gegen Maikäfer angestrengt wurden, — sie alle sind die *Käfer*, die Nager, die Fresser, die das Unheil verursachen und gegen die gerichtlich vorgegangen wurde. Man kannte verheerende Insektenplagen aus der Bibel; dort waren es vor allem *locustae* und *bruchi*, zu deutsch *kever*, die unermeßlichen Schaden anrichteten. Der deutsche Name *Käfer* galt bald für die Insektenplagen in ihrer Gesamtheit, also auch, wenn es sich um Raupen oder Maikäfer handelte. Damit waren in den Namen *Käfer* auch die Coleopteren, die *Wibel* einbezogen. Ja in Deutschland sind die hauptsächliche *Käfer*-Plage die Maikäfer und ihre Larven, die *Inger* älterer Sprache, gewesen. Kamen die *Käfer*, die Fresser und Vernichter, so waren es meistens Maikäfer, mit denen man es zu tun und unter denen man zu leiden hatte. Sie waren

---

[1] Zusammenstellung bei SCHENKLING-PRÉVÔT, Insektenprozesse, in: Wochenschr. f. Entomologie 2 (1897) 407—413; BODENHEIMER, Geschichte d. Entomologie (1928) 1, 233, wo auch weitere Literaturangaben. — Tierprozesse gab es noch bis in die Neuzeit hinein; der letzte kirchliche Tierprozeß fand in Europa 1733, der letzte weltliche Tierprozeß ca. 1830 statt, vgl. BODENHEIMER 240.

die *Käfer* par excellence, und man wird auch darin ein wichtiges Moment für die Weiterentwicklung des Wortes *Käfer* zu sehen haben, denn noch in den Mundarten späterer Zeit gilt oft das Simplex *Käfer* lediglich für ,Maikäfer'. Für die niederdeutsche Form *Sebber, Sewwer* gibt MENSING Schlesw.-Holst. Wb. 4 (1933) 444 „Käfer, bes. Maikäfer" an; *Käfel* belegt FOLLMANN Wb. d. dt.-lothr. Maa. (1909) 270 als „Maikäfer"; das Schweizerdeutsche bezeichnet den Maikäfer „schlechthin als *Chäfer*", FRIEDLI Bärndütsch 6 (1925) 268; in der Mundart von Köln bedeutete *Kevver* „ursprünglich nur Maikäfer", WREDE Neuer Kölnischer Sprachschatz 2 (1958) 33; im ganzen rheinischen Gebiet ist *Käfer* mit seinen vielfältigen Suffixformen „ursprünglich nur der Maikäfer", Rheinisches Wb. 4 (1938) 30.

d) So beginnt allmählich *Käfer* in den Bereich einzudringen, der anfänglich von *wibel* beherrscht und eingenommen wurde. Lange Zeit stehen *wibel* und *käfer* nebeneinander, wobei *wibel* zunächst speziell ,Coleopteron', *käfer* hingegen allgemein ,nagendes, fressendes Insekt' bezeichnet, bis es endlich dem Worte *käfer* gelingt, *wibel* zu verdrängen und sich selbst an dessen Stelle zu setzen. Diese Entwicklung währt fast ein Jahrtausend und ist zu Beginn der schriftlichen Überlieferung bereits im Gange.

Als einen der ersten Belege dafür wird man eine ahd. Glosse des 9. Jhs. anzusehen haben: crabrones *cheueron* 4, 263, 23. Der Glosse liegt das biblische *crabrones* (Josua 24, 12) zugrunde. Man hätte statt ahd. *cheueron* ein sonst in der ahd. Glossenliteratur gut bezeugtes ahd. *hornuzi, hornuza, hornuzir*[1] zu erwarten. Selbst die allgemeine Bedeutung ,nagendes, fressendes Insekt' für *käfer* läßt sich nicht ohne weiteres auf die *crabrones*, auf die Hornissen ausdehnen. Man könnte mit einem Übersetzungsfehler rechnen. Wahrscheinlicher aber ist eine Erklärung, die in ein beinahe heilloses Durcheinander mittelalterlicher entomologischer Vorstellungen und Überlieferungen führt.

---

[1] Vgl. etwa Ahd. Gl. 1, 368, 19—23.

Auszugehen ist von der Auffassung der Antike, wie sie z. B. in der Darstellung des PLINIUS (Nat. Hist. 11, 70) vertreten ist: *in totum vero amissas reparari ventribus bubulis recentibus cum fimo obrutis, Vergilius iuvencorum corpore exanimato, sicut equorum vespas atque crabrones, sicut asinorum scarabaeos, mutante natura ex aliis quaedam in alia.* Die Vorstellung von der Entstehung der Insekten aus Tierkadavern ist bei antiken Schriftstellern (jedoch nicht bei ARISTOTELES) weit verbreitet[1] und beherrscht noch das ganze Mittelalter. Etwas ausführlicher und im einzelnen leicht variiert erklärt ISIDORUS V. SEVILLA (7. Jh.), daß die Bienen aus toten Rindern, die Hornissen (*scabrones*) aus toten Pferden, die Drohnen oder Hummeln (*fuci*) aus Maultieren und die Wespen (*vespae*) aus Eseln entstünden[2], und er etymologisiert: *scabrones vocati a cabo id est a caballo quod ex eis creentur*[3]. Noch in den frühnhd. Glossaren und Wörterbüchern gehören diese Vorstellungen zum festen Bestand: *Apes de bobus, scarbones de equis, de mulis fucos, de asinis vespes percreati* BRACK Vocabularius rerum (1489) i 1[a]. Gewandelt hat sich freilich die ursprüngliche Wortform *crabro*. „Lat. *crabro* ist schon früh durch dissimilation und kreuzung mit *scarabaeus* umgebildet worden, daher *scrabrones* in glossen."[4] Der Mischformen sind noch mehr; zwischen *crabro* und *scarabaeus* stehen *cabro, cabo, scabro, scarbo, scrabro, scrabeus, scabeus*[5]. Bereits ISIDOR erweitert die antike Auffassung (XII, VIII, 4): *Sicut autem scabrones nascuntur de equorum carnibus putridis, ita ex his iterum saepe nascuntur scarabaei; unde et cognominati sunt.* Damit sind *scarabaei* inhaltlich in die Nähe der *scabrones* gerückt. ALBERTUS MAGNUS beschreibt *cra-*

---

[1] „Als Hauptgewährsmann für den ziemlich allgemein verbreiteten Glauben (Antigonus, Nikander, Ovid, Plutarch, Plinius, Älian u. a.) erscheint der ‚Ägypter' Archelaos unter Ptolemaeus Philadelphus" KELLER, Die antike Tierwelt 2 (1913) 432.

[2] XII, VIII, 2.

[3] XII, VIII, 4.

[4] v. WARTBURG, Frz. etymol. Wb. 2, 2 (1946) 1265.

[5] Vgl. dazu auch DIEFENBACH, Glossarium (1857) 154[c] s. v. *crabro.*

brones als Hornissen (26, 13); er unterscheidet davon deutlich *scabrones,* die er mit *scarabaei* und *curculiones* zusammenfaßt und mit diesen als Coleopteren beschreibt (1, 96): *Quaecumque autem horum habent in alis quasi quaedam coopertoria dura ossea vel testea sicut gurgullio et scarabeus et scabrones, habent quatuor alas sub eis.* Noch ein deutsches Vocabular aus dem beginnenden 16. Jh. übernimmt die Darstellung ISIDORS: *scabrones vel scarabei [nascuntur] de carnibus equorum* Vocabularius optimus gemm. (Leipzig 1501) C 1[a]. So geht mit der formalen eine inhaltliche Vermischung Hand in Hand, und alle Tiere mit den Namen von *crabro* bis *scarabaeus* werden als aus Pferde- oder Eselkadavern entstehend erklärt und im Deutschen willkürlich mit *Hornisse,* mit *Käfer,* mit *Wibel* und, da man auch die auf den Tierleichen ihre Eier absetzenden Fliegen einbezog, mit *Fliege* übersetzt. Und nun ist begreiflich, weshalb KONRAD V. MEGENBERG (14. Jh.) *scarabaei* als „Fliegen" bezeichnen kann: *auz eselleiben werdent ainrlai vliegen, haizent scarabei* Buch der Natur 292. Andere verdeutschen: *scrabeus, webil, scrabro idem* (1420) bei KLEIN Historiae avivm prodromvs (1750) 238; *scrabrones, hornozza* (9. Jh.) Ahd. Gl. 1, 291, 38; *scabro, hurnuz* (13./14. Jh.) 3, 454, 4. Eine *Bremse,* eine *Pferdsfliege* schließlich meint als Übersetzung von *cabro, scabro* zwar die Vieh- oder Pferdebremse (*Tabanus bovinus* L.), erklärt sie aber ebenfalls als eine angeblich aus faulendem Pferdefleisch entstehende Fliege: *cabro vel crabro idem vermis genitus de putridis carnibus equorum, ein brömße* Vocabularius opt. gemm. (Magdeburg 1495) e 5[b]; *scabro, ein pferdsflieg* Vocabularius gemma gemm. (Straßburg 1505) z 1[c].

Wollte man *Hornisse, Wibel, Pferdsfliege* aber zusammenfassen, so standen zwei Wörter zur Verfügung: *Wurm* und *Käfer,* oder genauer, um auf die vermeintliche Entstehung der Tiere hinzuweisen, *Roßwurm* und *Roßkäfer*[1]: *Roswurbem, scarabeus est*

[1] *Roßwurm, Roßkäfer* ist der Wurm, der Käfer, der aus Roßkadavern entsteht. Die Namen *Roßkäfer, Pferdekäfer, -wibel* blieben erhalten, auch als sich diese Entstehungsgeschichte als haltlos erwies. Die Namen wurden umgedeutet zu ‚Käfer, die im Roß-, im Pferdemist leben'.

quidam vermis, cabo, vermis ex putredine equorum generatus Vocabularius incip. (Speyer, ca. 1485) aa 8[b]; *cabro vel crabro, est vermis genitus de putridis carnibus equorum, ein breem oder ein roßkeffer* Vocabularius gemma gemm. (Straßburg 1505) c 7[d]. Da *scarabaeus* zugleich als *Wibel* bekannt war, stand auch dem Kompositum *Roßwibel* nichts im Wege: *Roßwurm, scabro, scabeus idem, oder roßwibel* Vocabularius theutonicus (Nürnberg 1482) bb 3[b]. Über das deutsche Wort *Käfer* kommen sogar lat. *atthalabus* und *brūchus*, an die *Käfer* im Sinne von ‚Heuschrecke' gebunden war, mit in die Erklärung: *Roßkefer, scabro, attalatus idem brucus equorum, scarabeus idem* Vocabularius incip. (Speyer, ca. 1485) aa 8[a].

Jetzt läßt sich die Glosse *crabrones — cheueron* (4, 263, 23), von der wir ausgegangen waren, erklären. Das Lemma *crabro* ist so wie die Misch- und Dissimilationsformen *scabro, scrabeus, scarabeus* oder eine weitere ihrer Varianten aufgefaßt und wiedergegeben worden: *crabro* (= *scarabaeus*) wird verdeutscht mit *cheuero* ‚schädliches Insekt, Nager, Fresser', — entsprechend den oben S. 24f. angeführten Glossen.

e) Faßt man zusammen, so erkennt man verschiedene Wege, die von verschiedenen Seiten das Wort *Käfer* zu den *Coleoptera* führten. Lange Zeit stand *Käfer* neben *Wibel*, und dabei blieb *Käfer* zunächst das umfassendere, das weitere Wort, das begrifflich mehr Tiere bezeichnen konnte. Sollte unter den *Käfern* unterschieden werden, war man an besondere Namen gebunden, an *Heuschrecke*, an *Raupe*, an *Wibel*, — Unterscheidungen, wie sie in den Glossaren und Wörterbüchern allenthalben getroffen worden sind. Und daß *Käfer* schließlich in stärkerem Maße an *Coleoptera* gebunden war, ist nicht zuletzt auch darauf zurückzuführen, daß es zum Grundwort vieler Komposita geworden war, ursprünglich in seiner weiten, allgemeinen Bedeutung ‚nagendes, fressendes Insekt', durch das Bestimmungswort aber eindeutig als Name für Insekten aus der Ordnung *Coleoptera* festgelegt. Es ist zu verweisen auf Namen wie *quatkever* (12. Jh.), *bachkever* (13./14. Jh., zu mhd. *bâht* ‚Unrat, Kot'), *Laubkäfer*

(15. Jh.), *Grünkäfer* (15. Jh.), *Roßkäfer* (15. Jh.), *Maikäfer* (15. Jh.), *Mistkäfer* (16. Jh.). Das durch derartige Zusammensetzungen gestärkte Simplex war nunmehr ein scharfer Konkurrent von *Wibel* geworden, und in einem langen Konkurrenzkampf, in dessen Verlauf es seine Bedeutungen ‚Heuschrecke' und ‚schädigendes, nagendes Insekt' abstieß, gelang es dem Worte *Käfer*, die Stelle von *Wibel* einzunehmen und zum üblichen Namen für *Coleoptera* zu werden. Es ist verständlich, daß fortschreitende zoologische Kenntnisse, denen vor allem bei der Namengebung die oben genannten Komposita als Muster gedient haben werden, den Gang der Entwicklung beschleunigten.

7

Im 18. Jh. ist *Wibel* aus der Schriftsprache ausgeschieden. ADELUNG[1] kennzeichnet es bereits als Wort der Mundarten. Aber auch in den Mundarten geht der Kampf weiter, und *Käfer*, schriftsprachlich gestützt (z. B. in amtlichen Verordnungen zur Schädlingsbekämpfung), verdrängt die letzten Überbleibsel von *Wibel*. Bereits für das Bremisch-niedersächs. Wb. ist das Simplex nicht mehr gebräuchlich: „*Wevel* ist bey uns, ausser der Zusammensezzung, nicht mehr im Gebrauch" 5 (1771) 246. Dasselbe wird hundert Jahre später aus Hessen berichtet: „Das Wort ist jetzt außer den Compositionen *Pferdswibel* (gewöhnlich entstellt in *Pferdszwibbel*), Mistkäfer, und *Kornwibel*, schwarzer Kornwurm, welche jedoch meines Wißens nur in Oberhessen vorkommen . . ., nicht mehr üblich" VILMAR Idiotikon von Kurhessen (1868) 451. Auch CRECELIUS Oberhess. Wb. (1897/99) 912 erklärt *Wiwwel* für nunmehr ungebräuchlich. HARTWIG 40. Jahresbericht Ravensberg (1926) 32 weiß von einem „älteren Manne" zu berichten, dem *Wiwel* außerhalb von Zusammen-

---

[1] Versuch eines vollst. gramm.-krit. Wörterbuchs d. hochdt. Mundart 5 (1786) 209.

setzungen „vielleicht" noch bekannt war. MITZKA Dt. Wortatlas 1 (1951) Karte 24 verzeichnet noch zwei kleinere geschlossene Gebiete mit *Wibel*, eins im Westfälischen um Osnabrück, das zweite im Rheinfrk. westlich Marburg. Aus dem übrigen Sprachgebiet kommen nur Einzelmeldungen[1].

Auch die Mundarten haben das vordringende *Käfer* nicht aufhalten und *Wibel* nicht retten können. Soweit *Wibel* nicht völlig geschwunden ist, lebt es in Zusammensetzungen weiter oder hat sich zurückgezogen als Name einer einzelnen Species. So kennen MARTIN-LIENHART Wb. d. elsäss. Maa. (1899) 2, 781 *Wibel* als Name für den Korn- und den Erbsenkäfer, neben *Käfer* für die Gesamtheit der Coleopteren 1, 425. Ähnlich bucht LENZ für die Heidelberger Gegend *Wiebel* als ‚Art Käfer' neben *Käfer* für *Coleoptera*, Vgl. Wb. d. nhd. Spr. u. des Handschuhsheimer Dialekts (1898) 77 u. 35. Zu verweisen ist ferner auf *Wiebel* ‚Kornwurm' MÜLLER-FRAUREUTH Wb. d. obersächs. u. erzgebirg. Maa. (1911) 2, 664; *Wippel* ‚Larve der Kornmotte' UNGER-KHULL Steirischer Wortschatz (1903) 631[a].

Besser hat sich *Wibel* in Zusammensetzungen gehalten. Die Wortkarte ‚Mistkäfer' MITZKA-SCHMITT Dt. Wortatlas 5 (1957) zeigt Komposita wie *Kuhwiewel, Kuhschietenwiewel, Messwiewel, Perdswiewel, Rosswiewel, Schietwiewel*, aber sie beschränken sich auf kleine und kleinste Gebiete, erdrückt von der Masse anderer Bildungen und Namensformen.

---

[1] Vgl. SCHUMACHER a. a. O. 32.

Abkürzungen

adän.	altdänisch
ags.	angelsächsisch
ahd.	althochdeutsch
aisl.	altisländisch
an.	altnordisch
anfr.	altniederfränkisch
as.	altsächsisch
aschwed.	altschwedisch
dt.	deutsch
engl.	englisch
frühnhd.	frühneuhochdeutsch
frz.	französisch
germ.	germanisch
griech.	griechisch
hd.	hochdeutsch
hebr.	hebräisch
idg.	indogermanisch
lat.	lateinisch
lett.	lettisch
lit.	litauisch
mhd.	mittelhochdeutsch
mlat.	mittellateinisch
mnd.	mittelniederdeutsch
mnl.	mittelniederländisch
nd.	niederdeutsch
nhd.	neuhochdeutsch
obd.	oberdeutsch
russ.	russisch
westgerm.	westgermanisch

FSC
www.fsc.org
MIX
Papier | Fördert gute Waldnutzung
FSC® C083411

Zeitfracht Medien GmbH
Ferdinand-Jühlke-Straße 7
99095 Erfurt, Deutschland
produktsicherheit@kolibri360.de